PROMENADE

AUX ENVIRONS

DE LA CHAPELLE DE NOTRE-DAME D'AFRIQUE.

PROMENADE

AUX ENVIRONS DE LA CHAPELLE

DE NOTRE - DAME D'AFRIQUE

A ALGER

Par Mme Marie-Thérèse de **VILLENEUVE**

MARQUISE DE VILLENEUVE-ARIFAT.

Prix : Un Franc.

Se vend au profit de l'érection de la Chapelle.

TOULOUSE,

DELSOL, IMPRIMEUR-LIBRAIRE,

rue Croix-Baragnon, 48.

1859

En écrivant ces lignes, je n'ai songé qu'à atteindre un seul but. Confiante au bienveillant intérêt qui, depuis quelques années, a encouragé de modestes essais, j'ai osé espérer que la faible voix, écoutée avec une si flatteuse indulgence dans le sanctuaire d'Isaure, obtiendrait un amical sourire de cette société Toulousaine toujours prête à répondre à un religieux appel par un généreux élan. Si j'ai moi-même ressenti, à la voix de l'apôtre de l'Algérie, et en me pénétrant de la grandeur *de sa pensée, une émotion aussi vive que profonde, mes amis me pardonneront de chercher à les y associer. Si leur sympathie répond à la douce idée que je me suis faite de leurs chaleureux sentiments, ils partageront, avec l'humble auteur de ces rapides récits, le bonheur d'avoir apporté leur pierre à un autel élevé sur la terre ou mourut Saint Louis, à Marie N.-D. de la délivrance et N.-D. de la victoire : Souvenir de la dernière et sainte gloire de la Royauté Française !*

Lorsqu'au retour du voyage lointain qui, pour un moment, avait interrompu le calme de notre vie, un récent souvenir nous ramène vers les lieux que nous venons de quitter, dans son aspiration vers le recueillement, l'âme ne complète son repos que par le doux et tranquille épanchement des impressions qui la poursuivent.

Les merveilles qui, aujourd'hui, ont effacé les distances, créant et animant d'intimes rapports, les voyageurs ont perdu le prestige qui s'attachait à leurs récits et soumettait à leur parole l'avide et attentive curiosité. Les neiges du pôle et les sables du désert ont été foulés de pas si nombreux, qu'on ne distingue plus leurs empreintes confondues. Nous laisserons donc à de savants ou aventureux touristes, les doctes ou pittoresques récits de leurs odyssées, et, dans notre course rapide, abordant un moment les régions du monde moral, nous oserons chercher à associer quelques sympathies aux émotions dont nous avons goûté le charme.

Mais quel écho répondra aux notes qui ont vibré dans notre âme? Quel sourire fraternel naîtra de notre sourire quand nous écrirons:

« J'étais là, telle *pensée* m'advint? »

Dans le domaine de l'intelligence, comme dans l'ordre physique, une merveilleuse dissemblance signale les mêmes œuvres de Dieu. Que de nuances dans la rose, cette Reine de nos jardins! Que de patrons divers dans ces feuilles légères dont mille capricieux ciseaux semblent avoir découpé les formes élégantes! Mais combien sont plus diverses encore les impressions que produit l'âme humaine, là où elle cherche une âme, sa sœur.

Combien de fois nous avons vu, aux suaves harmonies d'une musique pénétrante, l'émotion se trahir autour de nous sur des visages baignés de larmes, tandis que les mêmes accords, dans leur martiale ou mélancolique mélodie, frappaient en vain une oreille insensible. Tantôt la puissance de la parole fait germer les généreux élans de l'enthousiasme, tantôt elle tombe inutile sur des esprits froids et sceptiques, qu'aucune verve n'animera jamais.

Parmi les jouissances intimes du cœur, il n'en existe peut-être pas de plus vive que celle de rencontrer autour de soi cette identité de l'esprit et du goût qui nous suit et savoure avec nous les mêmes joies de l'intelligence. Aussi, cette simple et courte relation des impressions fugitives d'un voyage qui n'offre rien de nouveau à l'intérêt du monde et demande la bienveillance des seuls amis, ne sera-t-elle dans son confiant abandon, qu'une causerie du foyer à l'heure où le silence de la soirée prélude au calme de la nuit, et où le feu pétillant, seule consolation du triste hiver, réunit autour de l'absent retrouvé, les amis qui goûtent avec lui les joies du retour.

Le départ. — C'est toujours à midi, lorsque le mouvement de la journée semble suspendre son cours pour accorder à l'homme, accablé sous le faix des rudes travaux des champs, le doux rafraîchissement du repos; à ce moment où la cloche s'ébranle dans nos campagnes, et rappelle à tous la pensée de la prière, cette noble et touchante aspiration de l'âme vers son

Dieu, à midi, que l'ancre se lève à Marseille, et que, lentement et majestueusement, le navire quitte le rivage hospitalier, pour s'élancer vers les rives africaines.

Peu de jours s'étaient écoulés depuis que les vents, roulant et bouleversant les vagues, avaient remué la Méditerranée jusqu'au fond de ses abîmes. Elle s'élevait et s'abaissait en lames courtes et pressées qui se laissaient traverser par l'intrépide vapeur. A mesure qu'on s'éloignait, on sentait grandir les aspirations de l'âme. Cette surface azurée, que fronçait et ridait encore un souffle inconnu ; ce bruissement monotone qui murmurait une plainte sous les pas de l'audacieux navire ; ces ombres qui par degrés voilaient la limpide clarté du jour, puis s'étendaient en souveraines, comme pour reposer les yeux fatigués du spectacle de l'immensité ; cette attitude imposante de la mer, fière ennemie qui permet, en grondant, un passage dont sa puissance sait se réserver l'empire, tout imprimait au cœur une émotion profonde, et livrait l'esprit au charme de ce recueillement, qui est à la pensée, ce qu'est au corps fatigué, le repos d'une solitude chérie. La vue des îles Baléares, doux présage des joies de l'arrivée, offre un point dans cet espace qui arrête le regard et occupe l'esprit. Sentinelles avancées dans cette plaine d'azur, elles semblent sourire au navire qui a quitté les rivages de France, et protégé contre la fureur des vents par leur abri hospitalier, on commence à sentir la douce influence d'un climat que n'abordent point les hivers.

Bientôt les teintes du ciel se colorent d'un merveilleux éclat : bientôt le soleil frappe de ses ardents rayons la plage africaine, que les vagues de la mer viennent incessamment blanchir de leur écume. Déjà l'œil exercé du pilote aperçoit et signale à son bord la montagne éblouissante qui s'élève en amphithéâtre et porte aux nues les maisons mauresques couronnées de terrasses; les dômes blancs des spacieuses mosquées; les palmiers, enfants du désert, surpris de leur isolement au milieu du mouvement d'une foule pressée. La blancheur éclatante d'Alger *la bien gardée*, qui, par degrés, se retire sur la cime de ses côteaux pour livrer le rivage à l'activité dévorante de ses vainqueurs, tout d'abord saisit le regard en éveillant la curiosité. Qui n'a éprouvé une sensation de plaisir, lorsque la marche du navire est tout-à-coup suspendue; lorsque les moëlleuses spirales de fumée, par degrés, deviennent plus minces et plus légères, le brûlant foyer cessant d'activer leur ardeur? Nous sommes dans le port! Ce

cri s'échappe avec ravissement de toutes les poitrines; mais un danger nouveau menace d'envahir
le navire. De la terre, mille voix s'élèvent: on salue
le nouvel arrivé. A peine l'ancre a-t-elle fixé sa flot-
tante demeure que mille légers batelets, comme des
essaims d'abeilles, s'empressent autour de ses flancs.
Le chaos, un instant, mêle et confond toutes choses;
les compagnons de voyage égarés se cherchent et
s'appellent; on court on se lamente on se réjouit; le
Biskri à l'œil noir et perçant offre son frêle esquif;
hommes et biens s'y précipitent, la lame tranche la
nappe de cristal, et le pied se pose enfin sur un sol
immobile, qu'il retrouve comme on revoit un ami.

Alger. Bien des touristes reprochent injustement à
Alger d'avoir perdu le caractère que le mélange des nations européennes semble chercher à lui ravir, et jet-
tant à cette grande ville leur amer dédain, ils lui refu-
sent jusqu'aux traces si visibles encore de ses vieux
souvenirs. Nous pénétrerons dans le détail mystérieux
de ces blancs édifices qui couvrent la montagne dont
l'aspect a d'abord fixé nos regards. Si le long de la
mer des rues larges et droites ornées d'arcades, si
une place spacieuse où s'agite dès l'aube du jour une
foule pressée nous ramènent à nos villes d'Europe,
dès que nous remontons au sommet, les rues ne res-

semblent plus qu'aux étroits corridors de nos maisons, serrées entre deux murailles s'obscurcissant tout-
à-coup, comme un tunnel de chemin de fer, là où les
maisons se touchent. Ces passages pavés paraissent
plus singuliers encore quand des femmes arabes en-
veloppées de leurs blancs vêtements se glissent comme
des ombres dans ces secrets replis d'habitations hu-
maines.

LES MOSQUÉES. — L'on arrive après avoir gravi
une pente ardue à la porte de la Mosquée de Sidi-
Rahman. Là, on s'arrête, on demande à être intro-
duit dans le lieu de prière : après quelques hésita-
tions, les barrières que la foi musulmanne opposait
au regard investigateur du chrétien, ont cessé de s'é-
lever.

Cette Mosquée, la moins spacieuse mais la plus
intéressante peut-être de celles qui demeurent encore,
domine une grande partie de la ville et des terrasses
qui l'entourent. L'œil embrasse et la cité et la mer :
elle a près d'elle son antique palmier, ses caroubiers
et ses micoucouliers ; elle a près d'elle encore les
tombeaux de ses saints ou marabouts. Une grille en
défend l'entrée ; un marbre blanc recouvre la place
étroite de chaque tombe et, bizarre idée, qui laisse
entrevoir quelque chose de naïf et d'enfantin, auprès

de l'image toujours imposante de la mort, deux petites coupes, creusées dans le marbre, attendent la goutte de rosée du ciel pour l'offrir aux oiseaux qui de la cîme du palmier voisin, viendront chercher sous les feux du soleil la perle liquide qui ranimera leur vie d'un jour!

Le moment ou nous fûmes introduits était le moment de la prière. Prosternés dans l'attitude d'un recueillement profond, les musulmans cherchaient d'un regard avide et pieux la direction de la Mecque, lieu si cher et si vénéré parmi eux. Les larges et nobles turbans des maures, les burnous arabes aux plis soyeux, erraient, çà et là, sur les tapis qui couvraient le sol sacré. Un silence, qui nous paraissait être la plus magnifique prière, régnait dans cette enceinte. Plusieurs lanternes, bizarrement coloriées, étaient suspendues à la voute, peinte elle-même des plus éclatantes couleurs. On se sentait pénétré de respect et abreuvé de tristesse, en se tenant à l'écart dans ce sanctuaire. Comment ne pas respecter celui qui adore et qui croit? Comment ne pas plaindre celui dont le regard ne voit point la vérité? Oh! vérité, toi seule qui élèves l'âme au-dessus de toutes les pensées, au niveau de tous les sacrifices, que n'éclaires-tu de tes célestes rayons ce réduit sombre ou des cœurs fidèles à leur croyance, mais trompés par de traditionnelles erreurs, te cherchaient peut-être et te méritaient! Oh! si tout à coup, déchirant le voile qui te dérobait à leurs adorations, ta beauté avait illuminé ces âmes; si, remontant le cours des âges, elles avaient retrouvé à travers l'histoire le fil sacré qui, liant les prophètes de l'ancienne loi au berceau de Jésus-Christ, les aurait conduit de siècle en siècle jusque dans les parvis de nos temples saints; si, au lieu de nourrir leur piété avide d'émotions et qui s'efforçait a revêtir d'un souvenir vénéré le lieu où naquît le fondateur de leur croyance, elles eussent vu, des yeux de la foi, le Dieu qui a souffert et qui est mort pour l'homme, apparaissant lui-même sur un autel et prêt à consoler leurs misères et à relever leurs immortelles espérances, de quelle joie sainte ces disciples de l'imposture eussent été inondés.

Tout sentiment sincère trouve un écho dans le cœur de l'homme; aussi cet appareil de ferveur nous a-t-il laissé un long souvenir. De longues galeries nous amenèrent à la fontaine des ablutions; là encore l'âme est pénétrée d'une religieuse impression. Pourquoi ces vaines cérémonies, diraient ceux qui ne comprennent une foi profonde ni en dedans ni en dehors d'eux-mêmes? Mais le chrétien qui élève sans cesse sa pensée, retrouve dans cet égarement de l'humanité les traces d'une loi divine. Ces pratiques extérieures, qui nous semblent bizarres, ne font-elles pas reconnaître l'aveu de la culpabilité de la créature, la haute et morale nécéssité d'une expiation, et cette foi innée à une miséricorde infinie qui accepte l'humiliation volontaire pour effacer l'horreur du crime.

Deux autres belles et spacieuses mosquées attirent à Alger la foule des croyants, la Grande Mosquée et la Mosquée de la Pêcherie. Les décrire serait renouveler les récits déjà faits pour charmer les loisirs des voyageurs de salon. Nous dirons seulement que la pompe qu'y déploie le luxe et le goût musulman, attestent combien la loi de Mahomet se soutient dans sa verdeur, parmi les habitants d'une contrée, que la force d'inertie défend contre la plus salutaire influence de la conquête.

Près de chacune de ces Mosquées, se trouve un lieu d'étude et de méditation, où l'Iman, prêtre de la loi, consacre les heures de ses jours à copier des textes de Koran, et à en pénétrer l'esprit. Après la visite de la Grande Mosquée, on nous introduisit dans l'un de ces sanctuaires de l'étude. Quelque chose de grave et de réfléchi en imprégnait l'entrée. Les livres, ces hôtes vénérés et chéris du solitaire, entouraient les murs et apportaient du calme à la pensée. De moëlleux divans, couverts de tapis aux brillantes couleurs, offraient un repos hospitalier. Au centre était une table sculptée, sur laquelle était posé un des livres de la Loi. La plume, humide encore, venait de renouveler pour d'autres un texte déjà connu. Aucun bruit du dehors ne pénétrait dans ce lieu : on sentait qu'on pouvait y savourer à longs traits les délices du recueillement de l'âme. La seule fenêtre qui laissait pénétrer les rayons de la lumière s'ouvrait sur la mer. La vue des vagues frémissantes; le mouvement des navires, tour-à-tour amenant ou emportant au loin l'espérance et parfois la tranquillité profonde d'une nappe miroitante et azurée, achevaient de plonger l'esprit dans les douceurs et dans le silence de la méditation.

A peine étions-nous assis, goûtant le charme de nous associer au paisible bonheur de l'hôte de ces lieux, qu'un jeune Maure, à la taille svelte et hardie, vînt nous offrir dans des tasses délicates et sans anses, posées dans des coquetiers d'argent ciselé, la liqueur qui est la vie de l'Orient. Signe d'un échange

de gracieuse courtoisie, le café exhale son suave parfum, et sous la tente de l'Arabe du désert et dans
les aériennes galeries que soutiennent les arcades élégantes des plus somptueuses demeures mauresques.
Partout coule ce nectar délicieux qui rend à l'esprit
sa verve, sans porter atteinte à la raison, et qui ranime
le corps énervé par les ardeurs de ce brûlant climat.
Mais quittant le cours des idées sérieuses qu'inspi-
raient la mosquée et son ministre, nous retrouvâ-
mes le nectar parfumé dans un lieu moins grave, où
la simple curiosité nous avait appelée.

La princesse-Mustapha. — Avant d'aborder les
scènes mouvantes de l'Alger européen, nous vou-
lions rechercher les souvenirs de ses temps passés,
et connaître les vestiges des vieilles mœurs résis-
tant encore à l'ascendant d'une nation dominatrice.
Nous désirions lire une page d'un livre fermé à
tous, la vie intérieure d'une femme mauresque.
Elle est impénétrable d'ombre et de mystère, cette
existence retranchée de tout commerce avec le monde
vivant, marchant silencieuse et inconnue à travers
le temps, dont le cours monotone n'a pas même
pour elle de points intermédiaires; car, d'un doigt
inflexible, il marque seulement son commencement
et sa fin.

La demande d'être reçue faite quelques jours d'avance, par des personnes de distinction et accueillie avec empressement, nous ouvrit des portes habituellement interdites à la société européenne. Le Pacha ou le prince Mustapha dont nous allions visiter l'épouse, est le petit-fils d'un ancien Dey : sa fortune avait été dissipée par ses extravagances, lorsqu'il demanda et obtint la main d'une riche héritière, fille du Bey de Constantine. Il y a donc encore autour de lui des restes de son ancienne splendeur. Après avoir lentement gravi la pente rapide des rues du vieux Alger, nous arrivons à la porte de sa demeure. Lui-même se trouvait sur le seuil, entouré de ses serviteurs. Son noble turban, ses beaux traits, sa taille haute et fière; son doliman de velours brodé d'or, ses larges pantalons du plus fin cachemire amarante et ses bas d'une éblouissante blancheur, tendus avec un soin extrême sur la jambe la plus délicatement modelée, tout en lui piquait vivement notre intérêt curieux.

Debout, il adressa avec grâce et dignité ses compliments et ses remerciements, pour l'honneur de cette visite, à l'interprète qui lui transmit, à son tour, nos expressions de courtoisie. Enfin, la porte étroite et basse livre passage au groupe européen. Le prince

Mustapha nous précède : on monte les marches hautes d'un très raide escalier, d'une porcelaine aux couleurs animées, dont l'eau vient sans cesse raviver l'élégante peinture. Au sommet de cette ascension, se trouvent ces galeries charmantes de style mauresque qui parent les cours intérieures. Rien n'est gracieux comme ces colonnettes plus minces, plus délicates encore, qu'un art ingénieux a disposées comme pour tenir suspendus des sentiers aériens. Plus on s'élève, plus le regard se rapproche de l'avare ouverture, qui permet d'apercevoir l'azur du ciel.

Une porte s'ouvre : aux femmes seules il est permis d'en franchir le seuil. Un salon assez étroit et dont l'insipide longueur est coupée par un enfoncement en dôme, lieu d'honneur, appelé Marabout, entouré de larges divans, s'offre d'abord à nos regards. Au fond de ce sanctuaire, sur des coussins, est assise la reine de ces lieux. Elle est petite, maigrelette, les joues vermeilles, les yeux noirs, les cils, les sourcils noircis par le henné, les cheveux plats, une pauvre petite tête où il n'y a point de place pour la pensée. Sur cette tête laborieusement parée, se dresse un diadème de diamants et d'émeraudes enchassés dans l'or, et derrière ce diadème, tombent

sur les épaules des flots de soie tressés d'un rose
fané. Il n'y a point de taille en toute cette personne,
qu'enveloppe une riche étoffe de drap d'or. Les
manches sont d'un crêpe admirable, parsemées d'é-
toiles d'argent : sous la robe, de larges pantalons de
soie éclatante, des pantoufles de velours brodées de
perles et de brillants. Voilà le côté matériel de cette
reine déchue, qui abdique, en faveur d'un maître
impérieux, les plus nobles facultés de l'âme. Son regard se voile en sa présence : l'asservissement de l'esclave se trahit sur des traits que n'illumine jamais
le sourire de l'intelligence. Tout ce qui grandit la
femme, tout ce qui l'anime, tout ce qui fait sa vie
morale est comprimé. Une ignoble dépendance la lie
à cette réclusion qui, pour elle, n'a pas l'intérêt d'un
foyer domestique. Son âme, descendue au niveau
de l'instinct, languit dans le cercle morose d'une vie
décolorée. Il ne reste que quelques sensations à cet
être délaissé, dont le cœur est fermé aux plus tendres sentiments, aux émotions les plus douces, et
bientôt, faute d'aliments, s'éteint l'esprit qui ajoute
tant de séduction à la beauté.

Assises autour de cette victime, que la loi chré-
tienne, seule, rendrait aux douceurs d'une liberté
sage et d'une vie heureuse et dévouée, nous vîmes

s'approcher une Juive drapée dans les plis d'un moëlleux cachemire, et l'offre du café élégamment servi,
acheva de donner à cette visite le cachet d'une singu-
larité qui répondait à notre attente.

L'aspect bizarre que présente la ville d'Alger ne
disparaît pas encore à mesure que l'on descend les
degrès de cet immense amphithéâtre. Si chaque jour
jour les sentiers s'élargissent sous la pression européenne, si les cours intérieures se couvrent et livrent
leur espace vide à des constructions nouvelles, on
voit encore l'Arabe ou le Maure gravir des pentes ar-
dues, et lorsque la nuit étend ses ombres, remonter
silencieusement dans le secret de leurs retraites. Si
d'ailleurs la physionomie caractéristique des villes de
l'Orient s'efface quand le voyageur cherche à retrouver les vieux édifices, son regard est frappé de ce
mélange de costumes et de races qui se réunissent et
se séparent sans cesse, poussés et pressés par mille
intérêts divers.

La rue de Chartres. — La rue de Chartres, la
plus populeuse peut-être des rues d'Alger, offre, à ses
marchés du matin, l'aspect le plus pittoresque. Qu'on
se figure un essaim de mouches bourdonnant et se
croisant dans leur vol précipité. L'air en est épaissi,
les poitrines en sont oppressées, l'oreille est étour-

die ; et l'œil se lasse à poursuivre cette multitude
qui lui échappe sans cesse, et resserre son horizon.
Là, des boutiques étroites et sombres, dont le cadre
aux miroitantes couleurs laisse apercevoir, pour
fond de tableau, le Maure nonchalammeut assis, les
jambes croisées, la figure tranquille et sérieuse ; là ,
des Kabyles, aux membres nerveux , à la démarche
agile, à l'œil plein de feu, portent avec effort d'énor-
mes fardeaux, dont chacun fuit le contact incom-
mode ; ici, des femmes blanches se glissent, indiffé-
rentes et insoucieuses, à travers les flots de ce peuple
agité. Puis, en avançant vers la place, on trouve enfin les fruits odorants de ce doux climat se confon-
dant avec les tristes fruits de nos hivers. Qui ne com-
pare, un peu humilié pour notre Europe, l'éblouissante orange au morne marron, et la riche grenade
à l'insignifiante noisette ? Le bruit, la confusion re-
doublent : on voit passer des négresses au visage
rougi par leur triste pinceau. Leur œil est vif, si le
mouvement mécanique de la prunelle, qui tournoie
dans un blanc d'ivoire, peut s'appeler vivacité. Des
Arabes du désert , aux traits pleins de noblesse, au
teint jauni par l'ardeur du soleil , venus, montés sur
leurs brillantes cavales ou sur leurs sobres et grognants
chameaux , fiers, hardis, au fin sourire, acteurs ou

observateurs dans cette scène mouvante dont leur cupidité leur a révélé l'intérêt. Ils ont l'air de ces pêcheurs patients et habiles, qui, assis au bord de l'onde, cachent, en guettant leur victime, un avide désir sous une apparente langueur. Rien pourtant ne décèle dans ces races ainsi mêlées, et absorbées dans leur vie active, aucun sentiment de haine ou d'envie contre la classe qui jouit du fruit de son travail. La femme élégante obtient partout un passage facile, et un instinct d'ordre et d'entente sociale éteint chez ces peuples tout signe extérieur de la hideuse envie.

Colline de Mustapha. le sacré-cœur. — Mais il est temps de quitter Alger et le mouvement de ses habitants; il est temps de sortir des portes et des remparts que la bravoure française n'avait pas besoin d'élever. Suivons dans ses développements intellectuels cette population qui se rapproche de nous sans se mêler à nous. Au point de vue religieux, le premier de tous, voit-on par degrés ces peuples goûter les hautes vérités du christianisme? Hélas! nous le craignons, l'Arabe du désert attiré dans nos centres populeux par l'espoir du gain, s'obstinera longtemps dans ses obscures traditions. Sa vie nomade, sa pensée sans critique, nourrie des versets du Coran, et des commentaires sur son astucieux auleur ; ce mélange de fausse gravité et de simplicité naïve qui emprunte à nos Saintes-Écritures quelque chose de leur action sur l'âme de l'homme ; ces promesses fallacieuses, mais solennelles, qui enflamment l'imagination sans exiger, en retour, des sacrifices pénibles à notre inconstante et molle nature ; tout dans sa religion répond aux aspirations de son cœur sans lui imposer de contrainte. La grâce divine seule obtient des prodiges, et nous ne cesserons de l'invoquer pour ces êtres qu'il nous serait si doux d'appeler nos frères.

Peut-être les chances d'un retour à la vérité seraient-elles plus favorables chez les Kabyles issus des anciens chrétiens d'Afrique, race toute différente des Maures, et que sa sauvage énergie attache aux plus rudes travaux. Des écoles établies partout pour verser goutte à goutte dans des cœurs d'enfants, avec les connaissances utiles, le principe religieux et moral qui doit agir sur leurs destinées, pourront créer pour l'avenir une autre génération. L'avenir ! ce puissant mobile de toute action dans l'être individuel comme dans les sociétés, cet océan où navigue fièrement l'espérance de l'homme, cet horizon pour lequel il dévore ou dédaigne le présent !

Ce mot d'avenir ramène notre pensée vers un lieu qui a laissé en elle une impression profonde.

Les verdoyantes et parfois abruptes collines qui se dressent au bord de la Méditerranée et gardent son vieux Alger, s'étendent au-delà de la ville, et l'amphithéâtre se ferme à l'est par la montagne de Kouba, sur laquelle est bâtie le grand séminaire. En se prolongeant, ces monts gracieux offrent à l'œil charmé l'aspect ravissant de maisons dont la blancheur éclate sur un fond de verdure. Le noble palmier, l'oranger aux mille fleurs, le caroubier d'un vert sombre signalent de loin en loin les demeures enchantées des heureux habitants. La mousse et la bruyère s'étendent sous leurs pas en moëlleux tapis, la brise de la mer vient rafraîchir l'air embaumé qu'ils respirent, et des sources cristallines s'échappant du creux des rochers, caressent l'oreille de leur murmure en courant à travers les pierres roulantes et les jeunes arbrisseaux.

Pour arriver à la maison du Sacré-Cœur, située dans les flancs des collines de Mustapha, il faut gravir, en quittant la route, un sentier bordé d'oliviers touffus, dont l'élégant et léger feuillage ne frissonne jamais sous la froide bise des hivers.

Retirées loin du bruit et du mouvement du monde, de saintes épouses de Jésus-Christ, fidèles à la mission que leur dévoûment leur inspire, élèvent dans le silence de la retraite, mais au milieu des plus radieuses séductions de la nature, les jeunes enfants dont elles développent l'intelligence et préparent le bonheur avenir.

Tandis que la Religion multiplie, sous des formes révérées, les bienfaits du zèle; tandis qu'elle fait pénétrer de la main au cœur du pauvre les soins de sa charité, sous la blanche auréole qui encadre leur doux visage, des femmes jeunes et distinguées se vouent à l'enseignement des classes aisées, et dirigent avec une maternelle sagesse celles que leur position sociale destine à entraîner le monde par leur exemple.

Qui n'apprécierait la hauteur de direction que les Dames du Sacré-Cœur donnent à l'éducation de la famille aimée qu'elles adoptent d'un cœur si chaleureux? Avec quel soin pénétrant elles s'appliquent à discerner les nuances du caractère dans leurs *enfants* (comme elles les appellent). Par quels ingénieux moyens elles leur distillent les leçons de leur expérience! Avec quelle tendre complaisance elles s'associent à leurs jeux, imprimant aux délassements de l'esprit et du corps ce mouvement de la pensée qui grandit jusqu'aux plus minimes actions de la vie! Nous avons vu, par nous-mêmes, trop jeune alors pour en comprendre le mérite profond, cette angélique patience à lutter contre les défauts et les bizarres humeurs de ces enfants, qui déjà veulent diriger leur destinée. Nous avons savouré le charme de cette piété sincère, éclairée, animant et réglant dans sa sagesse les devoirs et les dévoûments.

Oh ! nous ne l'oublierons jamais cette vaste solitude au milieu du tourbillon de Paris ; ces larges allées, ces arbres aux branches ombreuses, témoins et protecteurs de nos jeux enfantins, cette cloche du matin qui nous arrachait au sommeil, un peu brusquement peut-être, mais qui fixait en Dieu dès l'aurore, l'espoir et l'emploi de la journée ; ces suaves harmonies qui remplissaient les voûtes de la religieuse chapelle : tous ces souvenirs amènent encore à notre cœur une vive émotion. Aussi nous est-il doux de retrouver au loin le même esprit qui guida notre enfance dans ces retraites, que les Dames du Sacré-Cœur savent fonder et maintenir.

Celle d'Alger, nous l'avons dit, est bâtie dans un site enchanteur. Le jour où nous eûmes le bonheur de visiter nos maternelles maîtresses d'autrefois, le 20 décembre, la tiède haleine du vent du midi réchauffait l'atmosphère. Ce vent du midi, appelé Siroco, vole au-dessus des sables brûlants du désert ;

mais rafraichi sur les cîmes des deux Atlas qu'il
touche en passant du bout de son aile, n'apporte,
pendant les mois d'hiver, qu'un souffle de printemps. Sa chaleur est douce et pénétrante comme
celle de ces bains onctueux qui, aux foyers hos-
pitaliers de la Grèce rendaient la vigueur aux membres du voyageur fatigué. Bienfaisant dans cette
morne saison ou la nature s'engourdit et se décolore,
ce n'est plus le redoutable ennemi que les carava-
nes épouvantées voient comme le géant des tempêtes, élevant et renversant tour-à-tour les trombes
qui parfois les ensevelissent vivantes sous la sablon-
neuse poussière du désert. A mesure qu'il approche
les rivages de la mer, ennemi dompté, il a perdu
la puissance de nuire. Nous aimions à le respirer
sur ces terrasses charmantes que nous montrait la
supérieure de la sainte maison, femme distinguée
par les qualités les plus précieuses de l'esprit et du
cœur.

Rien n'était suave comme le parfum qui s'exha-
lait des orangers en fleur; rien n'était majestueux
comme cette mer aux larges plis d'azur, dont le vent
du midi ridait doucement la surface. C'est là que
dans une Chapelle admirable de goût et d'élégance,
le premier vendredi de chaque mois, l'apôtre de l'Al-

gérie réunit une société d'élite de femmes, appelées à donner l'impulsion de l'exemple : c'est là qu'il leur adresse des conseils salutaires, et ce haut enseignement dont son cœur chalereux possède l'inappréciable secret.

Si l'on reprend, après avoir suivi en s'éloignant du couvent, le sentier bordé d'oliviers, et si l'on continue de suivre les sinuosités de la route tracée le long des flancs de la montagne, on arrive à Mustapha. Là est bâti, adossé aux rochers tapissés de mousse et toujours dominant la mer, le palais du Gouverneur ; à quelque pas plus loin, l'Orphelinat, confié aux sœurs de Saint-Vincent.

L'Orphelinat. — Lorsque la tintante clochette a annoncé le visiteur qui, dans sa pieuse curiosité, vient demander à parcourir ce vaste édifice, la porte s'ouvre et l'œil s'arrête sur la céleste apparition qui va nous servir de guide dans ce labyrinte de la charité. Quel est le regard qui ne se voile d'émotion, quel est l'esprit qui ne se sent pas subjugué par le respect et la sympathie, lorsque se présente à nous, timide et confiante, le front serein, le visage embelli d'un angélique sourire, une sœur de charité? Elle n'a pas demandé au voile de parer sa modestie; simple, active en son allure, à peine le cri du ma-

lade s'est fait entendre, qu'elle vole près du lit de
souffrance : son doux regard a tout deviné, son in-
comparable dextérité a tout accompli. Ni l'âge, ni
les saisons ne varient l'austère tissu des vêtements
qui la couvrent ; son chapelet de gros grains, aux
petits coups secs et précipités, fait tressaillir d'espérance le malheureux qui attend : toujours prête au
sacrifice, elle ne s'étonne que de notre surprise,
quand nous voyons de près l'héroïsme qu'elle trouve
si naturel et si doux.

A Alger, les filles de Saint-Vincent sont chargées
d'élever quatre cents orphelines, qui trouvent en
elles le soin maternel qu'elles ne connurent jamais.
Leur aimable Supérieure voulut elle-même nous con-
duire à travers les minimes détails de cette immense
organisation. On distingue, en cette femme remar-
quable, une promptitude de décision, une fermeté,
une simplicité, une élévation de pensée, qui sont le
type des grands caractères. De sa tête, partent tous
les ordres qui dirigent cette nombreuse aggrégation.
Elle paraît calme et pourtant son front révèle le mouvement intérieur qui donne à tout l'impulsion. La
grande cour c'est l'espace libre à l'air et au ciel,
qu'entourent les galeries d'une ancienne maison mauresque. Là les petites filles joyeuses viennent savou-

rer le plaisir des jeux de leur âge ; on monte dans les galeries plus élevées ou sont les divers ateliers.

Dans un pays où l'indolence vient si souvent paralyser les plus généreux efforts, combien il est essentiel de donner à l'enfance les habitudes de l'ordre et le goût du travail. Aussi, à mesure que nous parcourions les salles, où classées par âge, les pauvres petites s'appliquent à profiter d'utiles leçons, nous suivions avec un intérêt croissant les travaux de ces mains enfantines. « Nous les préparons aux devoirs » sérieux de la vie. Le travail est le père qui tien- » dra notre place auprès de nos enfants quand elles » nous quitteront, » disait la Supérieure avec un intelligent sourire. Une exquise propreté, un soin minutieux, d'appeler partout l'air et la lumière se trouvent de toutes parts. L'été brûlant du soleil africain n'amène point ainsi ces chaleurs suffocantes, cause souvent déplorable de bien des maux cruels. Les jardins suspendus en terrasse offrent les fruits d'or de l'Afrique et les productions de notre France. Le poirier, le pommier mêlent leur feuillage à celui du bananier, du citronnier. Deux maisons mauresques moins spacieuses et séparées par de vastes cours sont affectées, l'une à l'infirmerie, l'autre à des orphelins confiés aux sœurs jusqu'à l'âge de sept ans. Tout respire l'innocence et la paix sous cette grande loi de la religion, seule puissante sur les cœurs et qui partout donne une patrie et une famille aux tristes jouets de l'infortune.

Nous laissons Mustapha, et continuant de gravir la haute et verdoyante montagne dans la direction de Kouba, nous allons perdre de vue Alger et son activité fiévreuse ; nous descendrons l'autre versant du Sahel et nous irons visiter les fermes de la plaine.

La Mitidja. — A mesure que l'on s'éloigne, les groupes d'arbres deviennent plus rares, l'aspect du pays moins riant. Nous avons quitté les poétiques campagnes qui donnaient l'essor à nos pensées et la mer, ce miroir qui semble refléter à notre regard restreint l'immensité de Dieu. Nous arrivons à toucher les côtés sévères de la vie agricole. Nous nous trouvons face à face avec les rudes labeurs auxquels l'existence est condamnée. Ici, commencent les déceptions, et par suite les mécontements et les murmures. Des palmiers nains couvrent le sol que n'a point encore défriché le soc de la charrue. Une terre rougeâtre semble défier les efforts du travail. Quelque chose de maigre et de triste couvre la contrée ; cependant, çà et là des fermes spacieuses attestent que d'habiles agronomes ont victorieusement lutté contre les difficultés d'un âpre terrain; d'ailleurs, après quelques parties incultes qui affligent le regard, encore sous l'impression de la riche ceinture d'Alger, on trouve en descendant vers la plaine de la Mitidja, si non l'attrait d'un jardin, au moins les riches fécondités d'une terre qui récompense le travail de l'homme.

Plus on s'avance dans les terres arrosées par l'Harrach et l'Oued-el-Gemma, plus la fertilité apparaît au regard. Le vert tendre de l'orge et des blés couvre les champs d'un épais tapis; des près, à l'herbe courte mais unie, n'attendent que les rosées du printemps pour croître et se parer de leur beau trèfle bleu; de jeunes rameaux de pois toujours verts, signalent le voisinage des bras industrieux qui les ont confiés à une terre choisie : de grands troupeaux parcourent les pâturages qu'un soin prudent leur interdira plus tard; ils se dispersent et se rassemblent, libres et pourtant soumis à l'Arabe, ce prince du désert, dont le blanc burnous s'aperçoit au loin, et qui, nonchalamment assis sur une butte isolée, conserve encore dans sa noble attitude, quelque chose de la majesté dont Dieu décora le front des premiers pasteurs de l'Idumée. Près de lui est le chien qu'il envoie, messager fidèle, ramener ses brebis errantes.

Les chiens arabes ont une physionomie étrange, bien différente de celles de nos espèces civilisées : leur poil est fauve, leurs oreilles droites et pointues, leurs yeux perçants. Sentinelles avancées du désert ils ne connaissent que la main qui les nourrit, et la garde qui leur est confiée. Les sons rauques et précipités de leur aboiement, rompent sans cesse le silence des vastes solitudes. Sobres et errants comme leurs maîtres ils demandent peu en retour de leur infatigable vigilance. On les accuse d'être ingrats et féroces comme les chacals, contre lesquels ils luttent avec énergie quand ils essaient de pénétrer dans l'enceinte où sont gardés les troupeaux. On s'est trompé dans cette appréciation : à moins qu'on ne nomme férocité le courage, et ingratitude le dédain pour de suspectes largesses.

Dans les fermes européennes on a adopté les chiens arabes, et fidèles gardiens de leurs nouveaux maîtres, ils savent s'assouplir à leurs mœurs. Nous avons à ce sujet une expérience personnelle, et au risque d'amener le sourire sur les lèvres de nos amis, nous dirons que ces utiles défenseurs de l'homme en tous lieux, en tous climats, ont même en Afrique, sous leur poil rude et leur air demi-sauvage, une caresse pour le maître qui rentre le soir en ses foyers ;

un vif et joyeux frétillement pour celui qui vient à eux sans défiance, et que leur œil intelligent reconnaît pour ami.

La plaine, en se rapprochant du pied de l'Atlas, devient toujours plus fertile, et de jolies maisons entourées de champs cultivés, ombragées par de hauts oliviers, sont jettées çà et là à travers l'espace immense qui se déroule au regard. Mais la plus somptueuse parure de cette contrée nouvelle, conquise par le patient labeur du colon, autant que par la gloire de nos armes, ce sont des bois d'oranger, mêlant toujours à l'or de leurs fruits, la fleur de leur neige parfumée.

Plus on s'avance vers la montagne aux blancs rochers, aux mousses profondes qui ferme l'horizon, plus on voit ces orangeries accroître leur riche fécondité. Les fermes sont presque toutes bâties près de ces trésors, que des soins assidus conservent et défendent. Pour les garder du souffle impétueux des vents, les Arabes avaient autrefois abrité, par de verts remparts d'oliviers et de figuiers, ces arbres aimés qui accordaient tant de dons magnifiques à leur nonchalant travail. Les maîtres nouveaux ont respecté ces abris séculaires ; mais le temps qui détruit tout, a fait de larges et fatales brèches. Nous avons vu un majestueux olivier, patriarche de la plaine, que les vents en tourbillonnant sur sa noble tête, venaient de jeter sur la terre qui l'avait si longtemps nourri. Ni ses profondes racines, ni ses gloires, ni sa beauté n'avaient pu le sauver. Roi et protecteur des plus jeunes arbres groupés sous son ombre, il voyait encore s'ouvrir devant lui une longue carrière d'honneur. Mais la tempête a grondé : l'ouragan formé au loin dans le désert est venu fondre sur l'olivier, heureux dans sa tranquille solitude : d'un souffle il l'a renversé. Ce vers de Virgile décrivant, d'un seul trait, la fin du vieux roi Priam, revenait tristement à notre mémoire :

« Jacet ingens littore truncus. »

Qu'il nous soit permis de conter en peu de mots notre visite à nos champs de la Mitidja : nous n'oublions pas qu'un cercle ami nous entoure, et qu'une douce indulgence nous a promis d'accueillir nos simples récits.

Une ferme dans la Mitidja. — Une voiture à cinq chevaux, lancés à toute vitesse, après avoir atteint le sommet de Kouba, descend dans la plaine, traverse à gué la rivière de l'Harrach et s'arrête au milieu d'une route unie qui expire au pied du petit Atlas.

Les voyageurs absorbés par leurs intérêts présents ou à venir, parcourent, assez indifférents, la distance qu'ils sont pressés de franchir. Nous descendons, nous suivons un étroit sentier : une forteresse de figuiers de Barbarie, où le qui vive des sentinelles est le cri glapissant des chiens irrités, s'offre à notre vue : nos fermiers imposent silence à leur garde fidèle et viennent, le visage radieux, recevoir les maîtres de ces champs.

Il y a, dans les familles qui ont adopté le travail avec ardeur et que leurs soins, leurs espérances et quelques succès ont attachés au sol qu'ils fécondent, une entente des secrets de la culture, une laborieuse activité, faites pour inspirer autant d'intérêt que de confiance. Une femme espagnole, veuve, mais soutenue par de courageux enfants, dirige avec une étonnante sagacité l'exploitation de nos domaines. Il nous fut donc permis de nous asseoir à la table hospitalière et frugale de cette honnête famille. La mère commandait toutes choses du regard : quand l'action se reposait en elle, on voyait que mère et chef, elle comprenait toute la hauteur de sa mission. Son gendre et ses filles obéissaient respectueusement à sa parole. Une nappe, éclatante de blancheur, s'étendit sur la table de vieil olivier : des poissons, que le flot de la mer avait apportés ; de petits oiseaux qui, le matin, becquetaient les orangers ; des dattes cueillies aux palmiers du désert ; de tendres petits pois, fruits hâtifs d'un intelligent travail, apparurent pour satisfaire nos appétits de voyageurs. La porte s'ouvrit aux trois chiens fauves qui devaient recueillir les miettes de la table de leurs maîtres ; et, tandis que ce repas du soir, au milieu du silence de la nature, nous rassemblait tous joyeux, assis dans un coin obscur de la salle, les yeux souvent tournés vers ses nouveaux possesseurs, dont le langage éveillait, sans la satisfaire, son inquiète curiosité, un arabe, drapé dans son burnous jauni, mangeait avec la patience et la sobriété de sa race, le couscous qu'il savoura, dès l'enfance, et les simples mets auxquels on lui donnait part, quand les convives étaient rassasiés.

Les nuits s'écoulent rapides en ces chauds climats : nous étions au 23 décembre, et cependant, dès six heures, le crépuscule précédait l'aurore, et celle-ci venait bientôt répandre ses teintes rosées sur les cîmes du rocheux Atlas. Mais avant l'heure du réveil de tous, la mère industrieuse avait déjà ordonné le soin de ses troupeaux ; elle les avait vus s'éloigner lentement, confiés à la houlette du pasteur arabe, et cette page de la Bible avait été lue dans la silencieuse partie de la journée qui précède les agitations du matin. A mesure que le soleil illuminait la riante contrée d'alentour, les bruits étaient devenus plus pénétrants : les bœufs mugissaient avant de courber leur front menaçant sous le joug de l'homme ; les laboureurs s'appelaient et s'excitaient, tout se rangeait sous la loi du travail, tout obéissait au premier des exemples donnés à l'homme par son créateur.

Tandis que tout s'animait autour de nous, nous quittions ces pénates d'un jour pour nous rapprocher encore du pied du petit Atlas. Des villages, aux rues larges, aux maisons neuves et alignées, étalent leurs blancs édifices au milieu de riants jardins. L'Arba, Rovigo, ont leur église et leur presbytère, leur mairie et leur école ; mais le principe religieux, base de toute société durable, n'a pas encore jeté parmi ces colons divers, ses racines profondes : tant que des cultivateurs sérieux ne s'attacheront pas au sol en renonçant à cette licence de mœurs et à ces boissons enivrantes, qui détruisent jusqu'aux sources de la vie et de l'intelligence, les espérances de foi ne se réaliseront pas. Le travail, ce grand moralisateur, ce moyen sûr mais lent d'arriver à une honnête aisance, déjà reconnu par quelques-uns ;

sera-t-il enfin regardé par tous comme le seul garant de la prospérité ?

Au-delà de ces villages, et après une courte distance franchie, on atteint les flancs de l'Atlas, et là, dans le creux des rochers, se trouvent d'abondantes sources qui tombent en murmurant à travers les bosquets d'orangers ; retraites charmantes où l'on oublie les chaleurs de l'été en respirant la tiède haleine d'une brise embaumée, et en prêtant l'oreille aux chutes des fraîches cascades dont le courant fuit sans jamais épuiser sa source délicieuse.

Mais nous avons quitté Alger et pourtant un intérêt puissant nous y rappelle : nous avons à ramener l'émotion de nos souvenirs vers ces lieux où nous avons eu le bonheur de voir l'apôtre de l'Algérie, le rocher de Hiéronimo et les fondements d'un monument pieux, que le saint pontife veut élever à la gloire de Marie.

Si le côté du midi d'Alger offre à l'œil de verdoyantes montagnes au plus riant aspect, la vue, en s'étendant vers le nord, trouve aussi des sites ravissants, et la mer vient baigner des rives fleuries dont l'étroit espace est couvert de gracieuses maisonnettes encadrées dans leurs jardins. A l'entrée de la rue Bab-el-Oued, au lieu où finit le mouvement précipité

et presque tumultueux de la ville, s'offrent de nombreux corricolos attelés de petits chevaux qui, sous
leurs misérables harnais, laissent deviner encore la
noblesse de leur race. On suit un chemin ouvert
à la base des rochers sur lesquels s'élève, droite
et fière, la montagne de Boudjareah. Ces rochers
s'abaissent et se relèvent tour-à-tour du côté de la
mer qui les bat sans cesse en grondant, humiliée
d'une resistance dont sa puissance, ailleurs indomptable, s'étonne.

Nous étions au 10 janvier; une tempête furieuse
avait toute la nuit régné sur les flots; les vents cal-
més sur terre soulevaient encore sur la mer les gran-
des masses qui, tour-à-tour, creusaient des abîmes
où s'élevaient menaçantes, prêtes à tout engloutir.
On voyait des flots d'écume couronner les vagues
comme l'on voit les neiges blanchir le front den-
telé des plus hautes montagnes. Ce jour-là, l'immense
plaine d'azur offrait l'aspect désolé d'un désert; aucune voile n'apparaissait à l'horizon, aucun cri d'espoir ne se mêlait au souffle dominateur qui avait répandu l'effroi : comme après le triomphe dans une
lutte terrible, qui ne laisse après elle que le calme
silencieux et sinistre de la mort, la mer frémissante
n'ayant plus de victimes à dévorer, semblait s'étendre

par degrés dans son lit de géant et s'y reposer de ses colères.

Il existe, après le village de Saint-Eugène, situé sur les mêmes rives, un vieux fort que les Turcs avaient autrefois construit pour se défendre d'une attaque lointaine. Les traces de la guerre sont empreintes sur les murailles décrépies; on y voit encore des canons sans affût renversés sur leurs embrasures; l'herbe croît dans ces lieux abandonnés. Un douanier a fait sa demeure dans un pan de mur encore debout : sa femme et son chien passent avec lui leur vie monotone au bruit des tempêtes ou près de ce calme de la mer qui réflète l'immensité des cieux. Le promontoire qui s'avance assez loin au milieu des flots est le point le plus curieux peut-être de la côte en un jour d'orage. Comme nous l'avons dit, tout était bouleversé dans la nature. Nous nous avançâmes jusqu'à l'extrémité de la pointe pour mieux admirer le spectacle qui s'offrait à nos regards. A quelque distance, au milieu de la terrible plaine ondée, on voyait surgir un rempart mouvant couronné d'écume ; il prenait sa course comme le cheval indompté dans les sables du désert, et, lancé avec un effroyable fracas contre le roc qui se jouait de sa colère, il se brisait en mille tronçons de

flots argentés, puis se retirait vaincu et disparaissait
en imperceptibles gouttes d'eau.

Il eut été doux de passer de longues heures auprès de cette mer bouillonnante dont les bruits couvraient toute voix. L'esprit demeurait comme atta-
ché par la mystérieuse puissance du regard, à ces
vagues qui lui racontaient tant de merveilleux secrets.
C'était une extase d'où la volonté ne pouvait s'arra-
cher, une volupté de pensée qui remplissait et ravis-
sait l'imagination. On n'était point seul dans cet ap-
parent isolement; à l'abri des ennuis de la vie, on
respirait en liberté, loin du tumulte des passions et
des intérêts humains, on se rapprochait des beautés
intellectuelles faites pour dominer le cœur de
l'homme.

Mais au milieu de ce mélange de trouble et de
rêverie, qu'apercevons-nous sur la cime pointue et
blanchie des vagues écumantes? quelle est cette
frêle créature qui se plait au fracas des tempêtes et
flotte insouciante et tranquille dans ce tumulte de la
nature irritée? Pauvre petit habitant des aériennes
régions, pauvre petit goëland, pourquoi tendre
comme une voile tremblante, tes délicates et blanches ailes? Pourquoi errer au milieu de ses fureurs
d'un élément soulevé? N'as-tu pas l'espace du ciel;

n'as-tu pas d'immenses horizons pour ta douce liberté? Pourquoi voler d'une vague à l'autre et te reposer sur leur front sourcilleux? Ne sais-tu pas qu'elles retombent, se mêlant au fond de l'abîme sans pitié pour toi?

Mais nos plaintes n'étaient point entendues. Léger comme la feuille séchée qu'emporte le tourbillon des vents, l'oiseau voltigeait, heureux de l'orage qui nous faisait trembler pour lui. On suivait de l'œil sa tête charmante s'agitant sans terreur sur les flots, son vol rapide et sûr l'éloignant et le ramenant sans cesse.

N'est-ce pas ainsi que le chrétien vit paisible au milieu du monde, hardi et confiant alors que le malheur s'acharne à ébranler son courage. Ne sait-il pas que Dieu le soutient au jour de l'épreuve, et ne porte-t-il pas gravé en son cœur le mystère de sa destinée, le secret de sa force et de son espérance?

Mais retournons à Saint-Eugène pour y prendre la route dont les sinueux détours vont se dérouler sur les flancs de la montagne, et nous élevant par degrés au-dessus de la mer, dirigeons nos pas jusqu'au petit séminaire, bâti par l'impulsion du premier pasteur de l'Algérie.

Saint-Eugène. Petit séminaire. — La rampe

escarpée et rapide offre, à mesure qu'on cherche à la gravir, le plus riant, comme le plus majestueux spectacle. Le joli village, de nombreuses maisons éparses, les rochers, les arbres toujours verts, les nuances variées des cultures entreprises sur un sol fécond, la mer et son immensité, tout ravit le regard et l'on oublie la fatigue, tandis qu'on s'avance à travers le tapis de mousse et de violettes que tranche le blanc ruban du chemin. L'on gagne enfin le sommet désiré : à l'une des extrémités du bâtiment, s'ouvrant sur un jardin planté de jeunes orangers, est un simple appartement où l'apôtre vient habiter quand son esprit méditatif cherche le calme de la solitude. Des fenêtres de sa paisible et riante retraite, et de la terrasse réservée à lui seul, il domine le plus vaste horizon. Pas une voile tremblante, incertaine, n'échappe à son regard perçant ; pas un souffle de vent ne vient rider la plaine azurée sans qu'il n'assiste à ce mouvement de la nature, et, lorsque son œil fatigué de sévères travaux, se détourne pour chercher un riant paysage, il voit se dresser, au dessus de lui, la plus verdoyante montagne semée, comme il le dit lui même, « de blanches maisons, nids d'aigle ou douce retraite de colombe. »

Nous venons, plusieurs fois, de faire entrevoir à

nos lecteurs le saint évêque que le respect et l'admiration rendent toujours présent à notre pensée. Le seul regret qu'il laisse à notre affectueuse vénération, c'est l'impuissance où nous sommes de le faire connaître.

Il est peu d'hommes dont l'air et la physionomie révèlent plus complètement les diverses et riches expansions d'une nature d'élite. Les mouvements prompts et animés de sa démarche, la dignité de son maintien, l'air de grandeur et de bonté répandu sur toute sa personne, la vivacité de son œil de feu, la finesse de son sourire, l'accent pénétrant de sa voix, tout annonce l'homme de haute intelligence qui va s'emparer de vos cœurs pour les gagner, de vos esprits pour les ravir par les séductions du sien. La barbe déjà blanchissante qui donne à ses traits la gravité sainte des patriarches de l'ancienne loi, n'ôte rien à la piquante expression de son regard observateur.

La France et l'Europe chrétiennes ont savouré ce livre admirable, où d'une voix éloquente, soutenue par la science la plus profonde, il a retracé le magnanime dévoûment du prêtre catholique, et développé les principes fermes de l'Eglise, la hauteur de ses vues, la sagesse de sa doctrine. Qui n'a gravé en

— 48 —

sa mémoire le souvenir du *Célibat ecclésiastique* (1)?
Et depuis, que d'œuvres resplendissantes de foi et
de génie! Ses mandements sont des trésors d'élégante et religieuse dialectique, où le clergé d'Alger,
fier à juste titre du mérite éminent de son chef, pui-
sera des armes invincibles le jour où l'Islamisme ac-
ceptera le combat contre le bon sens, la vérité et la
philosophie.

L'histoire critique du culte de la Sainte Vierge (2)
est un des traités les plus attrayants que l'on puisse
lire sur l'honneur rendu à la Mère de Dieu, dès l'aurore de leur loi, par les disciples de Mahomet.

Le style de l'apôtre est comme sa parole, plein
de verve, et d'un poétique abandon. Il touche toutes
les cordes de l'âme avec un art ingénieux. Tantôt il
fait naître les plus douces émotions, tantôt il aggran-
dit la pensée, tantôt il parle à la raison pour la con-
vaincre, tantôt à l'imagination pour la charmer. Il
est sévère sans rigidité, cadencé sans affélterie, pres-
sant, entraînant, sans cesser d'être l'expression de la
sagesse.

(1) Du célibat ecclésiastique, par Mgr L. A. Pavy, évêque
d'Alger. — Alger, 1850.
(2) Histoire critique du Culte de la Sainte Vierge en Afrique, depuis le commencement du Christianisme jusqu'à nos
jours. In-8°. — Alger 1858.

Si l'on applaudit aux facultés brillantes qui, privilége de quelques hommes d'élite, se rencontrent en des situations, à des âges, en des esprits divers, avec quelle admiration ne trouvera-t-on pas réunis, dans le même esprit et le même cœur, la sainteté de l'apôtre, la courtoisie de l'homme du monde, le jet étincelant du poète, l'érudition du savant, le trait saisissant, lumineux, inattendu, qui peint tout ce qu'il décrit, l'à-propos, la soudaineté et la verve originale du conteur dont chaque mot est une révélation et une saillie naissant avec la grâce et la simplicité qui font le charme des intimes foyers ; mais dominant tout sentiment, planant sur toute autre pensée, la foi ardente, profonde, la foi qui se révèle dans la plus légère inflection de la voix, dans l'émotion du regard, dans la sainte exaltation de la parole.

Placé dans une des situations les plus difficiles peut-être, où un grand Evêque ait à se révéler ; ayant tout à créer, tout à soutenir dans un pays où le zèle doit être aussi éclairé qu'entraînant, il allie la plus haute sagesse à une fermeté de résolution qu'aucun obstacle n'arrête, et la vigueur du caractère à la paternelle sollicitude qui devine le secret des cœurs sur lesquels il exerce une douce et irrésistible puissance.

Le jour où il nous fut donné de visiter le nouvel Augustin, dans sa solitude chérie, la mer qui n'offrait au regard qu'un calme profond, les petites herbes des côteaux qui déjà tapissaient joyeusement l'espace, et en décembre, étalaient le printemps, tout dans la nature disposait l'âme au recueillement, tout la préparait à ces jouissances de l'esprit, seul élément du vrai bonheur.

Une porte en bois, resserrée entre deux oliviers, s'ouvrit, et nous livra passage dans une fraîche allée de gazon, plantée de jeunes orangers, de myrthes et de lauriers-roses. Nous suivîmes la gracieuse terrasse de ce simple jardin, et sous un berceau de vigne et de chèvre-feuille, nous trouvâmes un oratoire que l'art, la piété et une entente délicate de ce qui ravit les yeux pour élever l'âme, avaient orné à l'envi. Un autel, sous un dôme, dont les peintures dûes au pinceau de Compte-Calixte captivaient le regard, un prie-dieu sur lequel venait, dans sa méditation, s'agenouiller le solitaire, invitaient le cœur à la prière. Tout était simple et tranquille dans cette demeure, où se plaisaient la science et la sainteté.

Après quelques moments d'entretien, l'objet qui maintenant excite le mouvement de cette haute intelligence, l'érection du monument à la gloire de No-

tre-Dame d'Afrique, vînt absorber notre attention.
C'est vers ce lieu que le vénérable Evêque, prenant
en main son bâton de pélerin, voulut guider nos pas.
On part : sur la crête de la verdoyante colline, on
suit le sentier qui serpente, et qui, dans ces détours,
semble parfois s'éloigner du but où tendent nos désirs,
et parfois, s'engageant entre des parois et sous d'in-
pénétrables berceaux d'aloës et d'oliviers, semble
plonger dans l'obscurité de mystérieuses retraites,
loin de toute habitation humaine. Mais brusquement
des flots d'une lumière radieuse inondaient ce chemin
enchanteur, et l'œil libre apercevait au loin l'azur
des mers, magnifique reflet de l'azur des cieux.

Enfin, nous voici au point dominant de ces lieux et
de nos récits. La montagne a nivelé sa cîme pour mé-
riter la gloire d'être le piedestal du saint monument.
De la surface plane qui permet le développement de la
chapelle future, nous voyons se déployer à nos pieds, au
bord de la mer, le riant village de Saint-Eugène, et
à l'est Alger, son port, les jardins et les vergers de
Kouba, somptueux amphithéâtre de verdure qu'en-
veloppent et dominent avec sévérité les neiges den-
telées du Jurjura. A l'ouest, l'œil va chercher par
delà les sables, les glorieuses et aujourd'hui saintes
plages de Staouëli.

Là, l'évêque s'arrêta, et nous, l'oreille attentive, le cœur ému, nous entendîmes son éloquente parole nous dérouler les plans du pieux édifice. Grande et majestueuse, son idée, dans le domaine de l'art, répond à la hauteur de sa conception morale. Il veut enrichir le passé dans son immortel avenir : offrir au pied de la Mère du Rédempteur un permanent hommage de reconnaissance. En rappelant la gloire de nos armes, l'éclat d'une rapide conquête, il veut conjurer sans cesse le *Refuge des pécheurs,* afin d'obtenir pour les nations musulmanes un rayon de céleste lumière.

La chapelle monumentale aura la forme d'une feuille de trèfle. La queue de la feuille sera la nef, et les trois disques de cette même feuille recevront : l'une le maître-autel, les deux autres les deux vocables que nous allons nommer.

Chaque âge, chaque situation de la vie pourra trouver près de ces autels un charme consolateur. L'un, par ces mots, *Virgo fidelis,* offrira à la jeunesse, dans l'âge des tempêtes, un port où la paix et le refuge ne lui manqueront jamais.

Mater dolorosa! invocation pleine de tristesse! elle appelera au pied de l'autre autel les mères et les femmes qui viendront puiser à une source rafraîchissante l'énergie dans la souffrance, la constance dans les dévouements, l'allégement aux chagrins de la vie. *Mater dolorosa,* à ces mots elles sentiront leurs larmes moins amères, leur courage plus viril, leurs inspirations plus généreuses !

Le maître-autel rayonnera de la gloire dont la brillante auréole couronne le front de la Reine des cieux : « *Regina cœli.* »

A ces sentiments filials et purs qui animent tout cœur catholique, s'uniront, par un heureux mélange, les glorieux souvenirs de la patrie. Un trophée d'armes s'élèvera au centre de l'édifice : il rappellera, près des religieux symboles qui le rendront cher à l'ardente piété, le joug cruel qui pesa tant de siècles sur les nations chrétiennes et le martyre de tant de libres sujets devenus esclaves, mais gardant fière et intacte, sous leur pesante chaine, la liberté de l'âme. Ces armes victorieuses, confiées à une vaillante armée par les fils de Saint-Louis, auront quelque chose de sacré, réunies en faisceau dans ce sanctuaire. Elles feront remonter à l'imagination le cours des âges et la ramèneront à travers les splendeurs de cette illustre race, au lit de mort où, le Saint roi expirant sur cette même terre, offrit en tribut sa vie et laissa, dans son dernier soupir, un appel au triomphe de ses descendants.

L'évêque a voulu que la marine eut aussi sa part de souvenir : comme la blanche bannière de Jeanne d'Arc, elle avait été à la peine, elle devait être aussi à l'honneur. Aussi l'autel sera un vaisseau apportant à ces plages inhospitalières la paix et la liberté. Au-dessus de la porte principale sera une chaire où, les jours de fête, un orateur chrétien pourra se faire entendre au peuple, si sa foule pressée se plaint de ne pouvoir pénétrer dans l'étroite enceinte.

Il sera beau ce jour, où accourant de tous les points du monde, une masse imposante, représentant les nations chrétiennes écoutera, dans un religieux silence, la voix qui rappellera les douleurs et les hontes de l'oppression, sa longue durée, ses effroyables tortures, ses lentes et inénarrables misères; la voix qui dira les secrètes douceurs et l'indomptable courage soutenant les captifs par la puissante entremise d'une mère divine et qui, racontant les merveilles de son secours, exaltera les gloires de son nom. Ce jour, les flots qui grondent en murmurant au pied de la sainte montagne, feront silence; les vents du désert retiendront leur haleine, le ciel couvrira avec amour la multitude assemblée : ce jour-là les cieux s'ouvriront aux célestes espérances.

Oh! il sera grand, ce jour appelé sur son troupeau, par l'éminent pasteur qui a jugé, dans les hauteurs de son âme, qu'il fallait, au milieu d'une population corrompue, mélangée de tant d'éléments divers, absorbée par les intérêts matériels, créer un centre de prière et d'amour tout rayonnant du nom de Marie; que la pensée qui se fixerait sur elle épurerait les cœurs, ennoblirait les âmes, que les voyageurs arrivés des régions lointaines viendraient, pressés par la curiosité peut-être, puis en s'approchant du sanctuaire béni, pénétrés par un sentiment plus grave, implorer ce secours maternel qui mêle tant de charmes à l'amour chrétien; que parmi ces peuples nouveaux, dont la fortune trahissait si souvent l'espérance, les malheureux viendraient, au jour de l'épreuve, trouver un appui; qu'enfin, dans la maladie comme dans la santé, dans les tristesses comme dans les joies, dans les jeunes années comme au soir de la vie, dans l'abondance comme dans le dénument, il fallait un point vivant, brillant d'un éclat céleste, qui éclairât et réjouît l'existence de tous.

Aussi, à l'appel éloquent de l'apôtre, les pierres viennent se poser sur les lignes tracées pour elles. Déjà, le monument s'élève; déjà, de toutes parts, les regards se portent vers ce lieu de prière. Bientôt les murs grandiront, bientôt la coupole blanche se dessinera sur l'azur du ciel ; du haut de la montagne on apercevra, à droite, et presque à l'entrée d'Alger, l e rocher de Hieronimo.

Le rocher de Hieronimo. — Là aussi, sur ce rocher, s'élèvera, au pied de sa reine, le souvenir vénéré de son serviteur fidèle : là fut consommé le martyre d'un esclave chrétien qui, depuis deux siècles, attendait la manifestation de sa gloire. Accueilli dès l'enfance par des chrétiens pieux, le jeune maure reçut le baptême. Fait prisonnier plus tard, il partagea, avec ses protecteurs, les rigueurs de l'esclavage. Au milieu de ces durs travaux, un appel terrible se fit entendre : le secret de sa naissance était révélé, le mahométisme redemandait sa proie. Interrogé sur sa foi, le héros répondit, comme les premiers martyrs : Je suis chrétien. Menacé d'être jeté vivant dans le pisé qui servait à construire le *Fort des 24 heures*, il répondit encore ces mots sublimes : Je suis chrétien. Alors fut prononcé l'arrêt horrible, et quelques heures lui furent données. Il retourna sous le poids de ses chaînes, au milieu de ses compagnons d'infortune : là, ses dernières paroles présagèrent l'horreur de son supplice et la grandeur de son courage. Pour devenir un saint et un héros, pour cesser d'être homme, il s'agenouilla devant la

main du prêtre interprète de la bonté divine, et reçut
le pain du voyageur et la dernière onction qui justifie
le mourant en face de l'éternité. Puis, le front calme
et le cœur embrasé d'amour pour le Dieu qui lui redemandait l'existence, il retourna vers ses bourreaux.
Alors il fut saisi, garroté, tandis que son regard
cherchait le ciel et qu'il offrait sa vie en expiation
des crimes de cette terre. Alors le mur sacrilége,
dont le saint devait être une pierre vivante, attendit
béant sa victime : elle lui fut livrée, et son sang subi-
tement glacé, cimenta l'édifice.

Mais Dieu avait marqué les temps des douleurs
et des triomphes de son serviteur, et deux siècles
avaient à peine glissé dans son éternité, que de nouveaux chrétiens, accourus sur cette terre d'Afrique,
si longtemps veuve de sa foi, retrouvaient, intact et
respecté, au milieu de ce rocher, et entouré des dé-
bris que venait de lancer au loin l'explosion de la
poudre, le martyr couché encore là, où il s'était en-
dormi de son céleste sommeil.

Le bloc et son trésor, ainsi miraculeusement con-
servés, ont été transportés dans la cathédrale, par
la même route qu'au jour de son martyr le saint
avait suivi vers la mort; mais cette fois les joyeuses
volées du canon, les sons d'une musique guerrière,

les chants des saints cantiques, manifestaient son passage. Chrétiens et musulmans ont vu le bloc vénéré arriver en pompe dans l'église, où les restes, à jamais vénérés de Hieronimo, attendent que le Souverain Pontife consacre à l'invocation des fidèles, le saint qui resplendit d'une céleste gloire.

Battus par les orages, les navigateurs, au-dessus de ce roc, qu'à fécondé le martyre, apercevront, comme un garant de salut, le front rayonnant de Notre-Dame d'Afrique, vainqueur en son angélique puissance, du génie des tempêtes, errant entre les récifs de Caxine et les grèves basses et perfides du cap Matifous (1).

Ainsi sont placés, presque dans le jet du même regard, les angoisses de la terreur et les attraits de l'espérance. Ainsi, à travers nos douleurs et nos dangers, luit le divin rayon de salut, qui éclaire et console notre fugitive existence.

Heureuse si ces ferventes lignes, amènent sur le sol conquis à notre foi, au pied de celle dont le nom est béni par l'Eglise et le monde catholique, le pur hommage des cœurs dévoués et le généreux concours de ces esprits élevés qui, dans la page du présent, lisent les destinées de l'avenir !

(1) A l'est et à l'ouest de la rade d'Alger.